U0074872

知識繪本館

遇見五色鳥

探查育雛保衛戰的林間散步

作者｜邱承宗
責任編輯｜張玉蓉
特約編輯｜戴淳雅
美術設計｜蕭雅慧
行銷企劃｜林思妤、王予農

天下雜誌群創辦人｜殷允芃
董事長兼執行長｜何琦瑜
媒體暨產品事業群
總經理｜游玉雪
副總經理｜林彥傑
總編輯｜林欣靜
行銷總監｜林育菁
主編｜楊琇珊
版權主任｜何晨瑋、黃微真

出版者｜親子天下股份有限公司
地址｜台北市 104 建國北路一段 96 號 4 樓
電話｜(02) 2509-2800　傳真｜(02) 2509-2462
網址｜ www.parenting.com.tw
讀者服務專線｜(02) 2662-0332　週一～週五 09:00~17:30
讀者服務傳真｜(02) 2662-6048
客服信箱｜ parenting@cw.com.tw
法律顧問｜台英國際商務法律事務所．羅明通律師
製版印刷｜中原造像股份有限公司
總經銷｜大和圖書有限公司　電話：(02) 8990-2588

出版日期｜ 2024 年 7 月第一版第一次印行
定價｜ 420 元
書號｜ BKKKC276P
ISBN｜ 978-626-305-983-2（精裝）

訂購服務
親子天下 Shopping｜ shopping.parenting.com.tw
海外．大量訂購｜ parenting@cw.com.tw
書香花園｜台北市建國北路二段 6 巷 11 號　電話｜(02) 2506-1635
劃撥帳號｜ 50331356 親子天下股份有限公司

國家圖書館出版品預行編目資料

遇見五色鳥 邱承宗 文 / 圖 . -- 第一版 . -- 臺北市：
親子天下股份有限公司 , 2024.07
44 面 ; 22.6×29.6 公分
國語注音
ISBN 978-626-305-983-2（精裝）
1.CST: 鳥類　2.CST: 通俗作品
388.893　113007502

探查育雛保衛戰的林間散步

遇見五色鳥

文・圖　邱承宗

週末，哥哥帶著弟弟到附近的小山玩。
他們最喜歡沿著步道散步，找尋新朋友。

「哎唷！你怎麼突然停下來？」弟弟抱怨。

哥哥往前一指：「前面樹幹上好像有螳螂。」

「哪裡、哪裡？」弟弟眼睛一亮。

「找到了！快把牠抓下來。」
弟弟興奮大叫。
哥哥壓低聲音：「不，
我們看看牠要爬去哪裡。」

「咦，螳螂呢？」弟弟才正要觀察，螳螂就不見了。

「應該是被鳥抓走了。」

「在哪裡？」

哥哥指著另一邊的枝頭：「在那裡啊！」

「那裡是哪裡？」弟弟有點急了，哥哥每次都這樣。

哥哥對弟弟說：「來，上方枝頭是不是有隻很多顏色的鳥？」

「對耶，那是什麼鳥？動作好快！」

哥哥不太確定：「可能是五色鳥吧。鳥巢應該在附近，我們去找找看。」

哥哥邊走邊說：

「五色鳥常在行道樹、

公園或林間的路邊築巢。」

接著，兄弟兩人張大眼睛，

左右觀察周圍的樹幹。

「找到了！那棵枯木的洞就是牠的巢。」

「你怎麼知道？」弟弟疑惑。

哥哥得意的說：「看看洞口四周。」

弟弟這才發現洞口的
木頭看起來很新，
正要開口時
——「噓！」

「來了！」哥哥小聲的說，接著解釋：
「牠剛剛在比較高的地方監看，
現在才飛下來。」

過了一會兒，

五色鳥都沒有動靜。

「是不是發現我們了。」哥哥有點擔心。

這次，換弟弟得意回道：

「牠應該是在看天空的老鷹！」

「啊，又飛來一隻。」弟弟輕聲說。

「快蹲下來，那是一直在附近負責守衛的親鳥。」哥哥按住弟弟的肩膀，兩人一起躲在小樹叢中。

「飛起來了！」兄弟倆一起感嘆。
周圍滿是臺灣騷蟬的鳴叫，
但哥哥帶著弟弟仔細的聽，
還是可以聽見五色鳥
輕微的振翅聲。

五色鳥停在洞口不動，小心的四顧張望。
兄弟兩人盯著五色鳥，屏息以待、不敢出聲。

「鑽進去了！」

弟弟低聲說。

然而，還不能鬆懈下來。

「糟糕，松鼠來了！」

弟弟忍不住叫出聲來。

「別怕，交給負責守衛的親鳥！」

哥哥像是在幫五色鳥加油。

那隻親鳥發出尖銳的叫聲，全力衝刺準備攻擊。

巢裡的親鳥則
擋在洞口防衛。

「呼，危機解除。」弟弟說，兄弟倆都鬆了一口氣。兩隻親鳥像是怒氣未消，盯著地面好一會兒，才回到各自的崗位。

陽光變得有點刺眼。
哥哥偏頭看向弟弟：
「我們換到另一側觀察。」

才正要再次蹲下，弟弟就發現新動靜：

「裡面的親鳥又探頭出來了。」

「牠是要把和木屑混合的大便銜去丟掉。」

「那不是很臭嗎？」

哥哥點頭：「這是當然，可是留在陰暗又通風不良的巢中，對幼鳥才更不好。」

「真是辛苦親鳥了。」弟弟不敢想像那個味道。

哥哥笑著說：

「別擔心，再過幾天，

幼鳥就能離巢，自由飛翔。」

「那我們還要再來看，

直到幼鳥探頭飛起來！」

作者的話

記錄一個來不及參與世界的生命

2018年，一個陽光乍現的清晨，一隻雛鳥戰戰兢兢的展翅，飛向這個令牠好奇的大千世界。突然，一輛火紅的轎車從側面飛快的駛過來，雛鳥猝不及防的撞上車窗，頓時車窗出現一片蜘蛛網狀的裂痕，以及點點暈紅。這隻雛鳥還沒能觀賞這個世界的點滴，也未聽清各種蟲鳴鳥叫，甚至是自己頭破脖斷的炸裂聲，就癱倒在地……

那一天，我興沖沖的停妥機車，像往常一樣往前走個兩三步，跨坐在路邊欄杆，然後取出背包裡的早餐，雙眼盯著前方約四公尺的枯木，才慢條斯理的把早餐送進嘴裡，一個疑惑慢慢浮現：今天未免過分安靜，雛鳥怎麼還沒爬到樹洞探頭呢？

等了好一會兒，我緩步走到那棵枯木前，將手輕輕放在樹幹上，許久感覺不出任何細微震動、聽不見任何微弱聲響，靜悄悄的死寂。我有點不知所措，走回機車停放處，回頭望著此刻已照到陽光的枯木，忘了早餐的滋味。

這時，一輛轎車轟隆隆的衝下山道，「嘰」一聲緊急煞車停在不遠處，一名男子匆匆下車，對著我說：「你拍的那隻鳥死了！被車撞死了。」他帶我走到山溝旁，雛鳥就躺在那裡，身上爬了幾隻螞蟻。男子說：「我好心的把牠移到這邊，結果還是被螞蟻發現了。」

我木然的看著那具失去體溫的五色鳥，想著牠初次看到我時的害羞、面對黑嚕嚕鏡頭的驚嚇，然後隨著時間一天天過去，牠偏著頭、瞪著大大眼睛看著我，偶爾還發出叫聲，像是要食物一般……我決定把牠畫出來。

五色鳥小檔案

身體滿布大面綠羽、頭與胸部有著紅、黃、藍、黑的色彩交錯，這是臺灣常見的五色鳥。牠其實是臺灣的特有種「臺灣擬啄木」，背部常帶有一小塊紅斑，在本書各觀察角度較不易看到。臺灣擬啄木的身長約 20 公分，叫聲像和尚敲木魚，因此也俗稱「花和尚」。通常出現在海拔 2400 公尺以下的闊葉林，平地樹木較多的地方也有機會看到。牠們會在枯木中築巢，巢洞的高度離地面從 2 公尺高到 13 公尺高都有。通常以果實為食，但遇每年 4 到 8 月的繁殖期，會捕捉昆蟲育雛。臺灣擬啄木是一夫一妻制，每一窩蛋通常會下 3 到 4 個，親鳥會共同孵蛋、育雛，而幼雛大約需要 20 多天到一個月才能離巢。

有個怪人每天都來盯著我們看，他一
大早就來鋪墊子、架東西，然後他會
坐下，手裡拉著一條線。他一直坐到
下午，都不會站起來或去上廁所。
一開始，實在讓我們很緊張，我都在枝
頭負責警戒。過一陣子，我發現他都不
會靠近鳥巢，頂多就是轉轉頭、喝水
吃飯、按按手上的圓鈕，應該是好人。